SUKEN NOTEBOOK

チャート式
解法と演習　数学II

完 成 ノ ー ト

【三角関数，指数・対数関数】

本書は，数研出版発行の参考書「チャート式 解法と演習　数学 II＋B」の
数学IIの　第4章「三角関数」，　第5章「指数関数と対数関数」
の例題と PRACTICE の全問を掲載した，書き込み式ノートです。
本書を仕上げていくことで，自然に実力を身につけることができます。

目　次

第4章　三角関数

15. 一般角と三角関数　…………… 2
16. 三角関数のグラフと応用
…………… 12
17. 加法定理　…………… 30

第5章　指数関数と対数関数

18. 指数関数　…………… 60
19. 対数関数　…………… 80

221001

１５．一般角と三角関数

基本 例題 113

解説動画

θ が次の値のとき，$\sin\theta$，$\cos\theta$，$\tan\theta$ の値を求めよ。

(1) $\dfrac{8}{3}\pi$

(2) $-\dfrac{9}{4}\pi$

PRACTICE (基本) **113**　θ が次の値のとき，$\sin\theta$，$\cos\theta$，$\tan\theta$ の値を求めよ。

(1)　$\dfrac{13}{4}\pi$

(2)　$-\dfrac{19}{6}\pi$

4

(3) -5π

基本 例題 114

θ の動径が第 3 象限にあり，$\cos\theta = -\dfrac{4}{5}$ のとき，$\sin\theta$，$\tan\theta$ の値を求めよ。

PRACTICE (基本) 114

(1) θ の動径が第 2 象限にあり，$\sin\theta = \dfrac{1}{3}$ のとき，$\cos\theta$，$\tan\theta$ の値を求めよ。

(2) $\tan\theta = -3$ のとき，$\sin\theta$，$\cos\theta$ の値を求めよ。

基本 例題 115　

次の等式を証明せよ。

(1) $\dfrac{1-\sin\theta}{\cos\theta}+\dfrac{\cos\theta}{1-\sin\theta}=\dfrac{2}{\cos\theta}$

(2) $(1+\tan\theta)^2+(1-\tan\theta)^2=\dfrac{2}{\cos^2\theta}$

PRACTICE (基本) **115**　次の等式を証明せよ。

(1)　$\dfrac{2\sin\theta\cos\theta-\cos\theta}{1-\sin\theta+\sin^2\theta-\cos^2\theta}=\dfrac{1}{\tan\theta}$

(2)　$(\tan\theta-\sin\theta)^2+(1-\cos\theta)^2=\left(\dfrac{1}{\cos\theta}-1\right)^2$

8

基本 例題 116

$\sin\theta + \cos\theta = \dfrac{1}{3}$ のとき，次の式の値を求めよ。

(1) $\sin\theta\cos\theta$, $\sin^3\theta + \cos^3\theta$

(2) $\sin\theta - \cos\theta$ $\left(\dfrac{\pi}{2} < \theta < \pi\right)$

PRACTICE (基本) **116** $\sin\theta + \cos\theta = -\dfrac{1}{2}$ のとき，次の式の値を求めよ。

(1) $\sin\theta\cos\theta$, $\tan\theta + \dfrac{1}{\tan\theta}$

(2) $\sin^3\theta - \cos^3\theta$ $\left(\dfrac{\pi}{2} < \theta < \pi\right)$

重 要 例題 117

2 次方程式 $25x^2 - 35x + 4k = 0$ の 2 つの解がそれぞれ $\sin\theta$, $\cos\theta$ で表されるとき, k の値を求めよ。また, 2 つの解を求めよ。

PRACTICE (重要) **117** x についての 2 次方程式 $8x^2 - 4x - a = 0$ の 2 つの解が $\sin\theta$, $\cos\theta$ である

とき，定数 a の値と 2 つの解を求めよ。

１６．三角関数のグラフと応用

基本 例題 118

次の関数のグラフをかけ。また，その周期を求めよ。

(1) $y = \sin\left(\theta - \dfrac{\pi}{2}\right)$

(2) $y = \dfrac{3}{2}\sin\theta$

(3) $y = \sin\dfrac{\theta}{2}$

PRACTICE (基本) **118**　次の関数のグラフをかけ。また，その周期を求めよ。

(1)　$y = 3\tan\theta$

(2)　$y = \cos\left(\theta + \dfrac{\pi}{4}\right)$

(3)　$y = \tan 2\theta$

(4) $y = -\sin\theta + 1$

基本 例題 119

関数 $y = 2\cos\left(\dfrac{\theta}{2} - \dfrac{\pi}{4}\right)$ のグラフをかけ。また，その周期を求めよ。

PRACTICE (基本) **119** 次の関数のグラフをかけ。また，その周期を求めよ。

(1) $y = -\cos\left(\dfrac{\theta}{2} + \dfrac{\pi}{3}\right)$

(2) $y = 2\sin\left(2\theta - \dfrac{\pi}{3}\right) + 1$

基本 例題 120

次の値を求めよ。

(1) $\cos(\pi - \theta) - \cos\left(\dfrac{\pi}{2} + \theta\right) + \sin\left(\dfrac{\pi}{2} - \theta\right) + \sin(\pi + \theta)$

(2) $\sin\dfrac{5}{8}\pi\cos\dfrac{\pi}{8} + \sin\dfrac{9}{8}\pi\cos\left(-\dfrac{5}{8}\pi\right)$

PRACTICE (基本) **120**　次の値を求めよ。

(1)　$2\sin\left(\dfrac{\pi}{2}+\alpha\right)+\sin(\pi-\beta)+\cos\left(\dfrac{\pi}{2}+\beta\right)+2\cos(\pi-\alpha)$

(2)　$\sin\left(-\dfrac{\pi}{5}\right)\cos\dfrac{3}{10}\pi+\sin\dfrac{7}{10}\pi\cos\dfrac{6}{5}\pi$

基本 例題 121

$0 \leqq \theta < 2\pi$ のとき，次の方程式を解け。また，θ の範囲に制限がないときの解を求めよ。

(1) $\sin\theta = \dfrac{1}{2}$

(2) $\cos\theta = -\dfrac{1}{2}$

(3) $\tan\theta = -\sqrt{3}$

PRACTICE (基本) **121**

$0 \leqq \theta < 2\pi$ のとき，次の方程式を解け。また，θ の範囲に制限がないときの解を求めよ。

(1) $\sin\theta = \dfrac{\sqrt{3}}{2}$

(2) $\cos\theta = -\dfrac{1}{\sqrt{2}}$

(3) $\tan\theta = \sqrt{3}$

基本 例題 122

$0 \leqq \theta < 2\pi$ のとき，次の不等式を解け。

(1) $\sin\theta < -\dfrac{\sqrt{3}}{2}$

(2) $\cos\theta > -\dfrac{1}{2}$

(3) $\tan\theta \geqq 1$

PRACTICE (基本) **122**　$0 \leqq \theta < 2\pi$ のとき，次の不等式を解け。

(1)　$2\cos\theta \leqq -\sqrt{2}$

(2)　$-\sqrt{2}\sin\theta + 1 \geqq 0$

(3)　$\sqrt{3}\tan\theta - 1 < 0$

基本 例題 123

$0 \leqq \theta < 2\pi$ のとき，次の方程式・不等式を解け。

(1) $\cos\left(\theta - \dfrac{\pi}{4}\right) = \dfrac{\sqrt{3}}{2}$

(2) $\sin 2\theta > \dfrac{1}{2}$

PRACTICE (基本) **123**　$0 \leqq \theta < 2\pi$ のとき，次の方程式・不等式を解け。

(1)　$\sin\left(2\theta + \dfrac{\pi}{3}\right) = -\dfrac{\sqrt{3}}{2}$

(2)　$\cos\left(\dfrac{\theta}{2} - \dfrac{\pi}{3}\right) \leqq \dfrac{1}{\sqrt{2}}$

基本 例題 124

$0 \leqq \theta < 2\pi$ のとき，次の方程式・不等式を解け。

(1) $2\cos^2\theta - \sin\theta - 1 = 0$

(2) $2\sin^2\theta + 5\cos\theta < 4$

PRACTICE (基本) **124**　$0 \leqq \theta < 2\pi$ のとき，次の方程式・不等式を解け。

(1)　$2\sin^2\theta - \sqrt{2}\cos\theta = 0$

(2)　$2\cos^2\theta + \sqrt{3}\sin\theta + 1 > 0$

基本 例題 125

関数 $y = 2\sin\theta + 2\cos^2\theta - 1 \left(-\dfrac{\pi}{2} \leqq \theta \leqq \dfrac{\pi}{2} \right)$ の最大値・最小値, および最大値・最小値を与える θ の値を求めよ。

PRACTICE (基本) **125**　(1), (2) は $0 \leqq \theta < 2\pi$ の範囲で，(3), (4) は $-\dfrac{\pi}{2} \leqq \theta \leqq \dfrac{\pi}{2}$ の範囲で，それぞれ

の関数の最大値・最小値を求めよ。また，そのときの θ の値を求めよ。

(1)　$y = \sin^2\theta - 2\sin\theta + 2$

(2)　$y = \cos^2\theta + \cos\theta$

(3) $y = -\cos^2\theta - \sqrt{3}\sin\theta$

(4) $y = \sin^2\theta + \sqrt{2}\cos\theta + 1$

解説動画

重 要 **例題 126**

a は定数とする。$0 \leqq \theta < 2\pi$ のとき，方程式 $\sin^2\theta - \sin\theta = a$ について

(1) この方程式が解をもつための a のとりうる値の範囲を求めよ。

(2) この方程式の解の個数を a の値によって場合分けして求めよ。

PRACTICE (重要) **126**　a を定数とする。方程式 $4\cos^2 x - 2\cos x - 1 = a$ の解の個数を $-\pi < x \leqq \pi$ の範囲で求めよ。

17. 加法定理

基本 例題 127

加法定理を用いて，次の値を求めよ。

(1) $\sin 15°$

(2) $\tan 105°$

(3) $\cos \dfrac{\pi}{12}$

PRACTICE (基本) **127** (1) 195° の正弦・余弦・正接の値を求めよ。

(2) $\dfrac{11}{12}\pi$ の正弦・余弦・正接の値を求めよ。

基本 例題 128

$\sin \alpha = \dfrac{3}{5}$ $\left(0 < \alpha < \dfrac{\pi}{2}\right)$, $\cos \beta = -\dfrac{4}{5}$ $\left(\dfrac{\pi}{2} < \beta < \pi\right)$ のとき, $\sin(\alpha + \beta)$, $\cos(\alpha - \beta)$, $\tan(\alpha - \beta)$

の値を求めよ。

PRACTICE (基本) **128** $\sin\alpha = \dfrac{1}{2}$ $\left(0 < \alpha < \dfrac{\pi}{2}\right)$, $\sin\beta = \dfrac{1}{3}$ $\left(\dfrac{\pi}{2} < \beta < \pi\right)$ のとき, $\sin(\alpha+\beta)$,

$\cos(\alpha-\beta)$, $\tan(\alpha-\beta)$ の値を求めよ。

基本 例題 129

(1) 2直線 $y=3x+1$, $y=\dfrac{1}{2}x+2$ のなす角 θ $\left(0<\theta<\dfrac{\pi}{2}\right)$ を求めよ。

(2) 直線 $y=2x-1$ と $\dfrac{\pi}{4}$ の角をなす直線の傾きを求めよ。

PRACTICE (基本) **129** (1) 2直線 $y=x-3$, $y=-(2+\sqrt{3})x-1$ のなす鋭角 θ を求めよ。

(2) 点 $(1,\ \sqrt{3})$ を通り，直線 $y=-x+1$ と $\dfrac{\pi}{3}$ の角をなす直線の方程式を求めよ。

基本 例題 130

□ ▶ 解説動画

(1) 点 P(3, 1) を原点 O を中心として $\dfrac{\pi}{4}$ だけ回転させた点 Q の座標を求めよ。

(2) 点 R(7, 3) を点 A(4, 2) を中心として $\dfrac{\pi}{4}$ だけ回転させた点 S の座標を求めよ。

PRACTICE (基本) **130** (1) 点 P$(4,\ 2\sqrt{3})$ を，原点を中心として $\dfrac{\pi}{6}$ だけ回転させた点 Q の座標を求めよ。

(2) 点 P$(4,\ 2)$ を，点 A$(2,\ 5)$ を中心として $\dfrac{\pi}{3}$ だけ回転させた点 Q の座標を求めよ。

基 本 例題 131

$\dfrac{\pi}{2} < \theta < \pi$ で $\sin\theta = \dfrac{1}{3}$ のとき, $\sin 2\theta$, $\cos\dfrac{\theta}{2}$, $\cos 3\theta$ の値を求めよ。

PRACTICE (基本) **131** $\dfrac{\pi}{2} < \theta < \pi$ で $\cos\theta = -\dfrac{2}{3}$ のとき, $\cos 2\theta$, $\sin\dfrac{\theta}{2}$, $\sin 3\theta$ の値を求めよ。

基本 例題 132

$0 \leqq \theta < 2\pi$ のとき，次の方程式・不等式を解け。

(1) $\cos 2\theta - 3\cos\theta + 2 = 0$

(2) $\sin 2\theta > \cos\theta$

PRACTICE (基本) **132**　$0 \leqq \theta < 2\pi$ のとき，次の方程式・不等式を解け。

(1)　$\cos 2\theta = \sqrt{3}\cos\theta + 2$

(2)　$\sin 2\theta < \sin\theta$

基本 例題 133

次の式を $r\sin(\theta+\alpha)$ の形に表せ。ただし，$r>0$，$-\pi<\alpha\leqq\pi$ とする。

(1)　$\cos\theta-\sqrt{3}\sin\theta$

(2)　$3\sin\theta+2\cos\theta$

PRACTICE (基本) **133** 次の式を $r\sin(\theta+\alpha)$ の形に表せ。ただし，$r>0$，$-\pi<\alpha\leqq\pi$ とする。

(1) $\sin\theta-\cos\theta$

(2) $\sqrt{3}\cos\theta-\sin\theta$

(3) $5\sin\theta+4\cos\theta$

基本 例題 134

$0 \leqq \theta < 2\pi$ のとき，次の方程式・不等式を解け。

(1) $\sin\theta - \sqrt{3}\cos\theta = -1$

(2) $\sin\theta - \cos\theta < 1$

44

PRACTICE (基本) **134**　$0 \leqq \theta < 2\pi$ のとき，次の方程式・不等式を解け。

(1)　$\sin\theta + \sqrt{3}\cos\theta = \sqrt{2}$

(2)　$\sin\theta + \cos\theta \geqq \dfrac{1}{\sqrt{2}}$

基本 例題 135

次の関数の最大値と最小値を求めよ。また，そのときの θ の値を求めよ。

(1) $y = \sin\theta + \sqrt{3}\cos\theta \ (0 \leqq \theta < 2\pi)$

(2) $y = \sin\theta - \cos\theta \ (\pi \leqq \theta < 2\pi)$

46

PRACTICE (基本) **135**　次の関数の最大値と最小値を求めよ。また，そのときの θ の値を求めよ。

(1)　$y=\cos\theta-\sin\theta$ $(0\leqq\theta<2\pi)$

(2)　$y=\sqrt{3}\sin\theta-\cos\theta$ $(\pi\leqq\theta<2\pi)$

基本 例題 136

θ の関数 $y = \sin 2\theta + \sin \theta + \cos \theta$ について

(1) $t = \sin \theta + \cos \theta$ とおいて，y を t の関数で表せ。

(2) t のとりうる値の範囲を求めよ。

(3) y のとりうる値の範囲を求めよ。

48

PRACTICE (基本) **136** $y=\sin 2\theta -\sin\theta +\cos\theta$, $t=\sin\theta -\cos\theta$ $(0\leqq\theta\leqq\pi)$ とする。

(1) y を t の式で表せ。また，t のとりうる値の範囲を求めよ。

(2) y の最大値と最小値を求めよ。

基本 例題 137

$f(\theta)=\sin^2\theta+\sin\theta\cos\theta+2\cos^2\theta\ \left(0\leqq\theta\leqq\dfrac{\pi}{2}\right)$ の最大値と最小値を求めよ。

PRACTICE (基本) **137**　関数 $f(\theta) = 8\sqrt{3}\cos^2\theta + 6\sin\theta\cos\theta + 2\sqrt{3}\sin^2\theta \ (0 \leqq \theta \leqq \pi)$ の最大値と最小値を求めよ。

重|**要** 例題 138

(1) 等式 $\sin 3\theta = 3\sin\theta - 4\sin^3\theta$ が成り立つことを証明せよ。

(2) $\theta = 36°$ のとき，$\sin 3\theta = \sin 2\theta$ が成り立つことを示し，$\cos 36°$ の値を求めよ。

PRACTICE (重要) **138** (1) 等式 $\cos 3\theta = 4\cos^3\theta - 3\cos\theta$ が成り立つことを証明せよ。

(2) $\theta = 18°$ のとき，$\sin 2\theta = \cos 3\theta$ が成り立つことを示し，$\sin 18°$ の値を求めよ。

補 充 **例題 139**

(1) $\sin\alpha\cos\beta = \dfrac{1}{2}\{\sin(\alpha+\beta)+\sin(\alpha-\beta)\}$ を証明せよ。

(2) $\sin A + \sin B = 2\sin\dfrac{A+B}{2}\cos\dfrac{A-B}{2}$ を証明せよ。

PRACTICE (補充) **139** 次の式の値を求めよ。

(1) $\cos 75° \cos 45°$

(2) $\sin 75° \sin 45°$

(3) $\sin 105° + \sin 15°$

(4) $\cos 105° - \cos 15°$

補 充 例題 140

$0 \leqq \theta < 2\pi$ において，方程式 $\sin 3\theta - \sin 2\theta + \sin \theta = 0$ を満たす θ を求めよ。

PRACTICE (補充) **140**　$0 \leqq \theta < 2\pi$ において，方程式 $\cos 3\theta - \cos 2\theta + \cos \theta = 0$ を満たす θ を求めよ。

補 充 例題 141

△ABC において，辺 BC，CA，AB の長さをそれぞれ a，b，c とする。△ABC が半径 1 の円に内接し，$\angle A = \dfrac{\pi}{3}$ であるとき，$a+b+c$ の最大値を求めよ。

PRACTICE (補充) **141** △ABC において，∠A，∠B，∠C の大きさをそれぞれ A，B，C で表す。

(1) $\cos C = \sin^2\dfrac{A+B}{2} - \cos^2\dfrac{A+B}{2}$ であることを加法定理を用いて示せ。

(2) $A = B$ のとき，$\cos A + \cos B + \cos C$ の最大値を求めよ。また，そのときの A, B, C の値を求めよ。

１８．指数関数

基 本 例題 142

解説動画

次の計算をせよ。

(1) $\sqrt[3]{54} + \sqrt[3]{-250} - \sqrt[3]{-16}$

(2) $\dfrac{5}{3}\sqrt[6]{9} + \sqrt[3]{-81} + \sqrt[3]{\dfrac{1}{9}}$

PRACTICE (基本) **142**　次の計算をせよ。

(1) $\dfrac{5}{3}\sqrt[6]{4} + \sqrt[3]{\dfrac{1}{4}} - \sqrt[3]{54}$

(2) $\dfrac{2}{3}\sqrt[6]{\dfrac{9}{64}}+\dfrac{1}{2}\sqrt[3]{24}$

基本 例題 143

次の計算をせよ。ただし，$a>0$，$b>0$ とする。

(1) $\sqrt{6}\times\sqrt[4]{54}\div\sqrt[4]{6}$

(2) $\left(\sqrt{a}\times\sqrt[3]{a^2}\right)^6$

(3) $a^{\frac{4}{3}}b^{-\frac{1}{2}}\times a^{-\frac{2}{3}}b^{\frac{1}{3}}\div\left(a^{-\frac{1}{3}}b^{-\frac{1}{6}}\right)$

(4) $\left(a^{\frac{1}{4}}+b^{\frac{1}{4}}\right)^2\left(a^{\frac{1}{4}}-b^{\frac{1}{4}}\right)^2$

(5) $(\sqrt[3]{5}+1)(\sqrt[3]{25}-\sqrt[3]{5}+1)$

PRACTICE (基本) **143**　次の計算をせよ。ただし，$a>0$，$b>0$ とする。

(1) $a^4\times(a^3)^{-2}$

(2) $\sqrt[3]{3}\times\sqrt{27}\div\sqrt[6]{243}$

(3)　$\sqrt[3]{\sqrt{64}} \times \sqrt{16} \div \sqrt[3]{8}$

(4)　$\left\{ \left(\dfrac{81}{25} \right)^{-\frac{2}{3}} \right\}^{\frac{3}{4}}$

(5)　$\left(a^{\frac{1}{4}} - b^{\frac{1}{4}} \right)\!\left(a^{\frac{1}{4}} + b^{\frac{1}{4}} \right)\!\left(a^{\frac{1}{2}} + b^{\frac{1}{2}} \right)$

(6)　$(\sqrt[6]{a} + \sqrt[6]{b})(\sqrt[6]{a} - \sqrt[6]{b})(\sqrt[3]{a^2} + \sqrt[3]{ab} + \sqrt[3]{b^2})$

基本 例題 144

(1) $a > 0$, $a^{\frac{1}{2}} + a^{-\frac{1}{2}} = 3$ のとき, $a + a^{-1}$, $a^{\frac{3}{2}} + a^{-\frac{3}{2}}$ の値をそれぞれ求めよ。

(2) $a^{2x} = 5$ のとき, $\dfrac{a^{3x} - a^{-3x}}{a^{x} - a^{-x}}$ の値を求めよ。ただし, $a > 0$ とする。

PRACTICE (基本) **144** (1) $x^{\frac{1}{3}} - x^{-\frac{1}{3}} = 3$ のとき, $x - x^{-1} = $ ᵃ ☐, $x^2 + x^{-2} = $ ᶦ ☐

(2) $2^x - 2^{-x} = 1$ のとき, $2^x + 2^{-x} = $ ᵘ ☐, $4^x + 4^{-x} = $ ᵉ ☐, $8^x - 8^{-x} = $ ᵒ ☐

(3) $9^x = 2$ のとき, $\dfrac{27^x - 27^{-x}}{3^x - 3^{-x}}$ の値を求めよ。

基本 例題 145

次の関数のグラフをかき，関数 $y=2^x$ のグラフとの位置関係を述べよ。

(1) $y=2^{x+1}$

(2) $y=2^{-x+1}$

(3) $y=4^{\frac{x}{2}}-1$

PRACTICE (基本) **145** 次の関数のグラフをかき，関数 $y=3^x$ のグラフとの位置関係を述べよ。

(1) $y=3^{x-1}$

(2) $y=\left(\dfrac{1}{3}\right)^{x+1}$

(3) $y=3^{x+1}+2$

68

基本 例題 146

次の各組の数の大小を不等号を用いて表せ。

(1) 2, $\sqrt[3]{4}$, $\sqrt[5]{64}$

(2) 2^{30}, 3^{20}, 10^{10}

(3) $\sqrt{2}$, $\sqrt[3]{3}$, $\sqrt[6]{6}$

PRACTICE (基本) **146** 次の各組の数の大小を不等号を用いて表せ。

(1) $\sqrt{3}$, $9^{\frac{1}{3}}$, $\sqrt[5]{27}$, $81^{-\frac{1}{7}}$, $\dfrac{1}{\sqrt[8]{243}}$

(2) 3^8, 5^6, 7^4

(3) $\sqrt[3]{5}$, $\sqrt{3}$, $\sqrt[4]{8}$

基本 例題 147

次の方程式を解け。

(1) $3^{x+1} = 81$

(2) $27^{x+1} = 9^{2x+1}$

(3) $4^x - 3 \cdot 2^{x+1} - 16 = 0$

PRACTICE (基本) **147** 次の方程式を解け。

(1) $2^{x-1} = 2\sqrt{2}$

(2)　$81^x = 27^{2x+3}$

(3)　$2^{2x+1} - 5 \cdot 2^x + 2 = 0$

(4)　$27^{x+1} + 26 \cdot 9^x - 3^x = 0$

基本 例題 148

次の不等式を解け。

(1)　$\left(\dfrac{1}{3}\right)^x < 9$

(2)　$9^{x+1} - 28 \cdot 3^x + 3 < 0$

(3)　$4^x - 2^{x+2} - 32 > 0$

PRACTICE (基本) **148**　次の不等式を解け。

(1)　$2^x > \dfrac{1}{4}$

(2)　$9^x > \left(\dfrac{1}{3}\right)^{1-x}$

(3)　$\left(\dfrac{1}{4}\right)^x - 9\left(\dfrac{1}{2}\right)^{x-1} + 32 \leqq 0$

(4)　$4^x + 3 \cdot 2^x - 4 \leqq 0$

基 本 例題 149

関数 $y=\left(\dfrac{1}{2}\right)^{2x}-8\left(\dfrac{1}{2}\right)^{x}+10$ $(-3\leqq x\leqq 0)$ について

(1) $t=\left(\dfrac{1}{2}\right)^{x}$ とするとき，t のとりうる値の範囲を求めよ。

(2) 関数 y の最大値と最小値を求めよ。

PRACTICE (基本) **149** 次の関数に最大値，最小値があれば，それを求めよ。

(1) $y=9^x-6\cdot3^x+10$

(2) $y=4^x-2^{x+2}$ $(-1\leqq x\leqq3)$

重 要 例題 150

解説動画

$y = 9^x + 9^{-x} - 3^{1+x} - 3^{1-x} + 2$ について

(1) $t = 3^x + 3^{-x}$ とおいて，y を t の式で表せ。

(2) y の最小値と，そのときの x の値を求めよ。

PRACTICE (重要) **150** $y = 2^{2x} + 2^{-2x} - 3(2^x + 2^{-x}) + 3$ について

(1) $t = 2^x + 2^{-x}$ とおいて，y を t の式で表せ。

(2) y の最小値と，そのときの x の値を求めよ。

重 要 例題 151

$4^x - a \cdot 2^{x+1} + a^2 + a - 6 = 0$ を満たす異なる実数 x が 2 つあるような，定数 a の値の範囲を求めよ。

PRACTICE (重要) **151** x についての方程式 $9^x + 2a \cdot 3^x + 2a^2 + a - 6 = 0$ が正の解，負の解を 1 つずつもつとき，定数 a のとりうる値の範囲を求めよ。

19. 対数関数

基 本 例題 152

次の式を簡単にせよ。

(1) $2\log_2 6 + \log_2 \dfrac{2}{9}$

(2) $\dfrac{1}{2}\log_3 \dfrac{1}{2} - \dfrac{3}{2}\log_3 \sqrt[3]{12} + \log_3 \sqrt{8}$

PRACTICE (基本) **152**　次の式を簡単にせよ。

(1) $2\log_2 \dfrac{2}{3} - \log_2 \dfrac{8}{9}$

(2) $2\log_2 \sqrt{10} - \log_2 30 + 2\log_2 3$

(3) $\log_2 12^2 + \dfrac{2}{3}\log_2\dfrac{2}{3} - \dfrac{4}{3}\log_2 3$

(4) $2\log_3 441 - 9\log_3\sqrt{7} - \dfrac{1}{6}\log_3\dfrac{27}{343}$

(5) $\log_3 54 + \log_3 4.5 + \log_3\dfrac{1}{27\sqrt{3}} - \log_3\sqrt[3]{81}$

基 本 例題 153

a, b, c は 1 以外の正の数，$p \neq 0$，$M > 0$ のとき，次の等式が成り立つことを示せ。

(1) $\log_a b = \dfrac{\log_c b}{\log_c a}$ （底の変換公式）

(2) （ア） $\log_{a^p} M = \dfrac{1}{p} \log_a M$

（イ） $\log_a b \cdot \log_b c = \log_a c$

PRACTICE (基本) **153**　a, b, c は 1 以外の正の数とする。

(1)　次の等式を証明せよ。

　(ア)　$\log_a b = \dfrac{1}{\log_b a}$

　(イ)　$\log_a b \cdot \log_b c \cdot \log_c a = 1$

(2)　$\log_a b = \log_b a$ ならば，$a = b$ または $ab = 1$ であることを示せ。

84

基本 例題 154

□ ▷ 解説動画

(1) 次の式を簡単にせよ。

$$(\log_2 9 + \log_8 3)(\log_3 16 + \log_9 4)$$

(2) (ア) $\log_{10} 2 = a$, $\log_{10} 3 = b$ とするとき, $\log_{75} 24$ を a, b で表せ。

(イ) $\log_3 7 = a$, $\log_4 7 = b$ とするとき, $\log_{12} 7$ を a, b で表せ。

PRACTICE (基本) **154** (1) 次の式を簡単にせよ。

(ア) $\log_2 25 - 2\log_4 10 - 3\log_8 10$

(イ) $(\log_3 4 + \log_9 16)(\log_4 9 + \log_{16} 3)$

(ウ) $\log_2 25 \cdot \log_3 16 \cdot \log_5 27$

(2) (ア) $5^a = 2$, $5^b = 3$ とするとき, $\log_{10} 1.35$ を a, b で表せ。

（イ） $\log_3 5 = a$, $\log_5 7 = b$ とするとき，$\log_{105} 175$ を a, b で表せ。

基本 例題 155

(1) $9^{\log_3 5}$ の値を求めよ。

(2) $2^a = 3^b = 6^{\frac{3}{2}}$ が成り立つとき，$\dfrac{1}{a} + \dfrac{1}{b}$ を計算せよ。

PRACTICE (基本) **155** (1)　次の値を求めよ。

(ア)　$16^{\log_2 3}$

(イ)　$7^{\log_{49} 4}$

(ウ)　$\left(\dfrac{1}{\sqrt{2}}\right)^{3\log_2 5}$

(2)　0 でない実数 x, y, z が，$2^x = 5^y = 10^{\frac{z}{2}}$ を満たすとき，$\dfrac{1}{x} + \dfrac{1}{y} - \dfrac{2}{z}$ の値を求めよ。

基本 例題 156

次の関数のグラフをかき，関数 $y=\log_2 x$ のグラフとの位置関係を述べよ。

(1)　$y=\log_2(x+1)$

(2)　$y=\log_{\frac{1}{2}} 4x$

PRACTICE (基本) **156**　次の関数のグラフをかき，関数 $y=\log_2 x$ のグラフとの位置関係を述べよ。

(1)　$y=\log_2 \dfrac{x-1}{2}$

(2) $y = \log_{\frac{1}{2}} \dfrac{1}{2x}$

基本 例題 157

次の各組の数の大小を不等号を用いて表せ。

(1) 1.5, $\log_3 5$

(2) $\log_2 3$, $\log_3 2$, $\log_4 8$

PRACTICE (基本) **157** 次の各組の数の大小を不等号を用いて表せ。

(1) $\log_{10}4$, $\dfrac{3}{5}$

(2) $\dfrac{\log_{10}2}{2}$, $\dfrac{\log_{10}3}{3}$, $\sqrt[3]{3}$

(3) $\log_3 4$, $\log_4 3$, $\log_9 27$

基本 例題 158

次の方程式を解け。

(1) $\log_3(x-2) = 2$

(2) $\log_x 3 = 2$

(3) $\log_2(x+1) + \log_2 x = 1$

(4) $\log_4(x^2 - 3x - 10) = \log_4(2x - 4)$

PRACTICE (基本) **158** 次の方程式を解け。

(1) $\log_{81} x = -\dfrac{1}{4}$

(2) $\log_{x-1} 9 = 2$

(3) $\log_3(x^2 + 6x + 5) - \log_3(x + 3) = 1$

(4) $\log_2(3 - x) - 2\log_2(2x - 1) = 1$

基本 例題 159

次の方程式を解け。

(1) $(\log_3 x)^2 - 2\log_3 x - 3 = 0$

(2) $\log_2 x - 2\log_x 4 = 3$

PRACTICE (基本) **159** 次の方程式を解け。

(1) $5\log_3 3x^2 - 4(\log_3 x)^2 + 1 = 0$

(2) $\log_x 4 - \log_4 x^2 - 1 = 0$

基本 例題 160

次の不等式を解け。

(1) $\log_2(x+3) < 3$

(2) $2\log_{\frac{1}{3}} x < \log_{\frac{1}{3}}(2x+3)$

(3) $(\log_3 x)^2 + \log_3 x - 6 \geqq 0$

PRACTICE (基本) **160** 次の不等式を解け。

(1) $\log_{\frac{1}{2}}(1-x) > 2$

(2) $2\log_{0.5}(x-2) > \log_{0.5}(x+4)$

(3) $\log_2(x-2) < 1 + \log_{\frac{1}{2}}(x-4)$

(4) $2(\log_2 x)^2 + 3\log_2 4x < 8$

基本 例題 161

不等式 $\log_2 x - 6\log_x 2 \geqq 1$ を解け。

PRACTICE (基本) **161**   不等式 $2\log_3 x - 4\log_x 27 \leqq 5$ を解け。

基 本 例題 162

関数 $y=(\log_2 x)^2-\log_2 x^2$ $(1\leqq x\leqq 8)$ の最大値，最小値と，そのときの x の値を求めよ。

100

PRACTICE (基本) **162** (1) 関数 $y=(\log_5 x)^2-6\log_5 x+7$ $(5\leqq x\leqq 625)$ の最大値，最小値と，その
ときの x の値を求めよ。

(2) 関数 $y=\left(\log_2\dfrac{x}{2}\right)\left(\log_2\dfrac{x}{8}\right)$ $\left(\dfrac{1}{2}\leqq x\leqq 8\right)$ の最大値，最小値と，そのときの x の値を求めよ。

基本 例題 163

$\log_{10} 2 = 0.3010$, $\log_{10} 3 = 0.4771$ とするとき

(1) 2^{32} は何桁の整数か。

(2) 3^n が 12 桁の整数となる自然数 n の値をすべて求めよ。

(3) $\left(\dfrac{2}{3}\right)^{50}$ は小数第何位に初めて 0 でない数字が現れるか。

PRACTICE (基本) **163** 25^{30} は何桁の数であるか。また，$\left(\dfrac{1}{8}\right)^{30}$ は小数第何位に初めて 0 でない数字が現れるか。ただし，$\log_{10}2 = 0.3010$ とする。

基 本 例題 164

A 町の人口は近年減少傾向にある。現在のこの町の人口は前年同時期の人口と比べて 4 % 減少したという。毎年この比率と同じ比率で減少すると仮定した場合，初めて人口が現在の半分以下になるのは何年後か。答は整数で求めよ。ただし，$\log_{10}2 = 0.3010$，$\log_{10}3 = 0.4771$ とする。

PRACTICE (基本) **164** ある国ではこの数年間に石油の消費量が 1 年に 25 % ずつ増加している。この

ままの状態で石油の消費量が増加し続けると，3 年後には現在の消費量の約 ^{ア} ☐ 倍になる。また，

石油の消費量が初めて現在の 10 倍以上になるのは ^{イ} ☐ 年後である。ただし，$\log_{10}2 = 0.3010$ と

し，☐ には自然数を入れよ。

重要 例題 165

$\square$ 解説動画

不等式 $2 + \log_{\sqrt{y}} 3 < \log_y 81 + 2\log_y \left(1 - \dfrac{x}{2} \right)$ の表す領域を図示せよ。

PRACTICE (重要) **165**　不等式 $2-\log_y(1+x)<\log_y(1-x)$ の表す領域を図示せよ。

重要 **例題 166**

$x \geqq 2$, $y \geqq 2$, $xy = 16$ のとき, $(\log_2 x)(\log_2 y)$ の最大値と最小値を求めよ。

PRACTICE (重要) **166**　$x \geqq 3$,　$y \geqq \dfrac{1}{3}$,　$xy = 27$ のとき,　$(\log_3 x)(\log_3 y)$ の最大値と最小値を求めよ。

重要 **例題 167**

x の方程式 $\{\log_2(x^2+\sqrt{2})\}^2 - 2\log_2(x^2+\sqrt{2}) + a = 0$ …… ① について，次の問いに答えよ。ただし，a は定数とする。

(1) $\log_2(x^2+\sqrt{2})$ のとりうる値の範囲を求めよ。

(2) ① の実数解の個数を求めよ。

PRACTICE (重要) **167** x に関する方程式 $\log_2 x - \log_4(2x+a) = 1$ が，相異なる 2 つの実数解をもつための実数 a の値の範囲を求めよ。

重要 例題 168

8^{44} について，一の位の数字は $^{\mathcal{P}}\boxed{}$ であり，最高位の数字は $^{\mathcal{I}}\boxed{}$ である。

ただし，$\log_{10} 2 = 0.3010$，$\log_{10} 3 = 0.4771$ とする。

PRACTICE (重要) **168** $\log_{10}2 = 0.3010$, $\log_{10}3 = 0.4771$ とする。

(1) 18^{18} は何桁の数で，最高位の数字と末尾の数字は何か。

(2) 0.15^{70} は小数第何位に初めて 0 以外の数字が現れるか。また，その数字は何か。